ごみを拾う犬 もも子

もくじ

1 プロローグ　　　　　　　3

2 もも子との散歩　　　　 17

3 もも子 ごみを拾う　　　29

4 もも子 人の心をいやす　77

5 エピローグ　　　　　　117

1
プロローグ

毎年、八月一日から三日間、岩手県盛岡市では、東北五大祭りの一つ「盛岡さんさ踊り」が行われます。
「さんさ踊り」とは、太鼓が一万二千個、笛は二千本が鳴り響く中、力強いリズムにあわせて、二万人もの踊り手が浴衣姿でダイナミックに踊るお祭りです。祭りが近づくと、盛岡市内や近辺の市町村のあちらこちらで「ドンドン、ドン」と練習の太鼓が鳴り響くようになります。
　このさんさ踊りは、盛岡市名須川町にある三ッ石神社の巨石伝説に由来します。

盛岡さんさ踊り

三ツ石神社と三ツ石様

　神社の境内には、それぞれしめ縄が張られた三個の苔むした大石があって、人の手形がついています。石の高さは約六メートル、周りは約九メートルほどです。この石は、岩手山が噴火したとき、飛んできた石といわれ、いつの頃からか「三ツ石様」と呼ばれ人々の信仰を集めていました。

　大昔、たびたび鬼が里に下りてきて、散々な悪さをして荒らし回りました。困り果てた里の人たちは三ツ石の神様に鬼の退治をお願いしました。神様はその願いを聞き入れて鬼を捕えました。そして、二度と里に下りてきて悪さをしないよう鬼に約束させました。鬼は大きな三つの石に手形を押して、約束を守ることを誓ったのです。

蟠龍寺　春の本堂

　里の人たちは大いに喜んで、三ッ石の周りを「サンサ、サンサ」と踊りました。これが「さんさ踊り」の始まりといわれています。
　そんな、さんさ踊りで有名な盛岡市の南隣に位置する紫波町というところに、蟠龍寺というお寺があります。

　ある日、そこのお寺の住職さんの目に一枚の広告がとまりました。
　"ゴールデン・レトリバーの子犬、お譲りします"
　犬が大好きな住職さんは、さっそくその広告に書いてあった連絡先に電話をして、迎えに行く約束をしました。

その約束の日が、やがて始まるお祭りの熱気と真夏の暑さでムンムンとしていた八月一日の午後でした。
　盛岡市内にあるその家に、住職さんはなかなかたどり着けず、やっと到着したときには、頭から背中から汗でびっしょりになっていました。
　そんな住職さんを迎えてくれたのは、広告を載せたその家のご主人でした。
「暑い中お疲れでしょう。どうぞ、お上がりください」
　ご主人は、住職さんを応接間に通しました。そして、お茶を入れながら、いろいろなことを聞いてきました。
　住職さんは、すぐに子犬を見せてくれるのかと思っていたので、少し拍子抜けしました。
「犬は飼ったことがありますか？」
「はい、今は小型犬二匹を飼っています」
「室内で、それとも外で飼っていますか？」
「室内ですが、庭にも自由に出られるようにしています。新しく来る犬も同じ場所で飼うつもりです」
「家や庭は広いのですか」
「実はお寺ですので、家も庭も広いです」
　住職さんは答えました。

「ああ、お寺の住職さんでしたか」

　ご主人はほっとしたように一人うなずきながら言いました。きっとご主人は住職さんが髪の毛をそっていたのを不思議に思っていたのでしょう。それがお寺の住職さんだとわかり安心したのか、表情が少しやわらかくなったようです。

「住職さんは、大きな犬を飼った経験はありますか？」

「えぇ、十年くらい前になるのですが、シェパードを飼っていました……」

　住職さんには、このシェパードに悲しい思い出がありました。住職さんは、ご主人に思い出話を始めました。

　そのシェパードの名前は「ポチ」といいました。

　シェパードにつけるには、ちょっと似合わない名前でしたが、大変利口なメス犬で、いつも住職さんと一緒に山に登ってキノコ取りをしたり、ボール遊びをしたり、川に行ったりしていました。

五年ほど一緒に暮らしていたのですが、住職さんは福井県にある永平寺というお寺に修行に行くことになりました。住職さんは、この時はまだ正式に「住職さん」ではなく、住職さんの所属していた宗派では、修行をしないと住職になれないため、正式に住職になるために永平寺へ修行に行くことになったのです。

　ポチとの別れは寂しいけれど、それくらい大切な修行だったのです。

　住職さんが修行に行ってからというもの、ポチは毎日まいにち、住職さんの部屋をのぞきに来ては住職さんのことをさがし、いないと知ると、しっぽを下げてトボトボと自分の小屋に戻っていったそうです。

　住職さんが修行に行ってから半年後、ポチは重い病気にかかってしまいました。歩くのもつらいはずでしたが、ポチは毎日必ず住職さんの部屋をのぞきに来ていました。

しかし、ポチの身体は次第に弱っていき、住職さんが修行から帰るのを待つことなく、死んでしまったのです。
　修行から戻ってきた住職さんは、奥さんからポチが亡くなるときの様子を聞くと、
「ポチは死ぬ前に、どんなにか会いたかっただろうに、かわいそうなことをしてしまった」
　そう言って、ポロポロと涙を流したのでした。
　住職さんは、いま飼っている二匹の小型犬も大変かわいがっているのですが、やはりポチのことが忘れられなく、大型犬も飼ってみたかったのです。そういう理由で、今回ゴールデン・レトリバーの子犬を譲ってもらおうと思ったわけです。

　だまって話を聞いていたご主人は、そこではじめて子犬のいる小屋に案内してくれました。

きっと、ご主人は大事に育てた子犬を手放すのに、ちゃんとした飼い主かどうか、かわいがってくれるかどうか、最後まで責任を持って飼ってくれるのかどうか、確かめたかったのでしょう。

　こうして案内してもらった小屋には、生後四十日くらいのぬいぐるみのような真っ白な子犬たちが、母親のそばでじゃれて遊んでいました。

　ご主人が、「おいで」と大きな声で呼ぶと、子犬たちはご主人のほうへ一目散にかけよりましたが、その中で少し遅れている一匹がいました。

　他の子犬よりも少し小さいその子犬は、他の子犬に遠慮しているかのように、みんなの後をトコトコとついてきました。

　住職さんがその子犬を抱っこすると、子犬はうれしそうな表情で住職さんをじっと見上げました。小さな身体から伝わる温もり。真っ黒なつぶらな瞳。住職さんはその子犬をすっかり気に入ってしまい、譲ってもらうのをその子犬にしました。

そうなると、子犬を一刻も早く連れて帰りたかった住職さんは、ご主人の「シャンプーをしますから待っていてください」との申し出も断り、急いで家に帰ったのでした。
　当時お寺には、ウェルシュコーギーの"トッピー"という三才のオス犬と、雑種で五才の"クロ"というメス犬がいました。
　彼らからクンクンとにおいをかがれるという歓迎を受けても、子犬はおとなしくしていました。どうやら二匹の先輩犬たちは子犬を受け入れてくれたようです。
　住職さんは、子犬の名前を考えました。
　子犬の毛は真っ白で少しカールがかかり、毛の下から見える皮膚は淡いピンク色をしていました。まるで、桃の花のように可憐で愛くるしいので、"もも子"と名づけました。

名前も決まったところで、改めて先輩犬たちに
「もも子です、なかよくしてね」と紹介しました。
もも子は大切な家族の一員になったのです。

クロ(左)とトッピー(右)

トッピー(左)ともも子(右)

2
もも子との散歩

住職さんやもも子が住んでいるお寺の東側には
岩崎川という川が流れています。

この川は、約1キロメートル下流で、
母なる大河、北上川と合流しています。

住職さんは朝と夕方の二回、犬たちを連れて、岩崎川の土手を散歩するのを日課としています。

　北の方角には岩手県一高い、標高は二〇三八メートルの岩手山が見えます。そのなだらかな山の形から南部片富士とも呼ばれています。また、春の雪解けの季節になると、山頂付近の模様が、鷲が羽を広げた姿に見えることから、岩鷲山とも呼ばれています。

　晴れた日の東の方角には、みちのくの霊峰・早池峰山をのぞむことができます。早池峰山は標高一九一四メートルで、高山植物の宝庫といわれています。ハヤチネウスユキソウに代表される高山植物帯は、国の特別天然記念物に指定されています。

そして、北上川に注ぐ岩崎川の河口近くには、桜の名所・城山公園があります。

　散歩コースである岩崎川の土手には、さまざまな植物や動物を見ることができます。

　春は雪解けとともにふきのとうが芽を出し、やがて水仙が咲き、菜の花の群生も見られます。夏になるとオオマツヨイグサの黄色の花が咲き、ヨシ原からは「ギョギョシ、ケシケシケシ」とヨシキリのさえずりが聞こえます。ときにはコバルト色の背中とくちばしの大きな美しい小型の鳥、「川の宝石」と呼ばれるカワセミを見ることもあります。

　秋には鮭が川を上ってきますし、冬には白鳥の姿も目にすることができます。

　また、タヌキやキツネを見かけることもあります。このような自然が残っている美しい景色や動植物を観察しながら、住職さんともも子たちは散歩していたのです。

　住職さんは子犬のもも子には散歩しながら、「おすわり」、「まて」、「ふせ」などを教えました。教えるときは、もも子と目を合わせ、優しくていねいに教えました。たたいたり、怒鳴ったりしたことはありません。上手にできたときには、思いっきりほめました。もも子はいつも首を少しかしげて、一生懸命に覚えようと住職さんの目を見つめるのでした。

　もも子は、あっという間にその一つ一つを覚えていきました。やがて、「ついて」と命令をすると、リードを外していても住職さんのそばについて散歩できるようになったのです。

　もも子はトッピーやクロとじゃれたり、走り回ったりしながら、楽しく散歩していました。

　でも残念なことが一つありました。
　土手には誰かが捨てたビンやカン、お菓子の袋などのごみが捨てられていたり、土手下の川岸にはさまざまなごみが流れ着いていることでした。
　もっともひどかったのは、岩崎川にかかる「新生橋」の下で、そこには、農業用ビニール類、家庭用電化製品、ビンやカン、プラスチック類、蛍光灯、さらには紙おむつなどのごみが大量に捨てられていたのです。
　そのようなごみを見ると、せっかく楽しく気持ちよく散歩していたのが台無しになるので、できるだけ見ないように散歩をしていたのでした。

岩手山(上)と岩崎川土手(下)

　ある夏の暑い日、早池峰山に住職さんの趣味でもあるカメラを持って高山植物を撮るために、山を登りました。
　山の中腹にかかったとき、大きなリュックサックを背負った一人の青年に出会いました。
　青年は先端にフックのついた竹の棒を持っていました。
　住職さんは、「何に使うのかな？」と不思議に思い、しばらく青年の様子を見ていました。
　やがて青年は大きな岩のところでしゃがみ込み、岩の間に持っていた棒を差し込みました。棒を引き寄せると先端のフックには空の弁当箱が引っかかっていました。青年は素早くその弁当箱を棒の先から外し、リュックサックに入れました。さらに別の場所に棒を差し入れました。今度は棒の先に、カンが引っかかってきました。青年は、次から次と棒を岩の間に差し入れ、ごみを引っかけては、背中のリュックサックに入れていたのでした。

住職さんは青年に近づき、
「山の管理人さんですか？この暑いのにご苦労様です」
と話しかけました。
　青年は、こう答えました。
「ぼくは管理人でも何でもないですよ。ただ、この山が大好きで、何回も登らせてもらっている。そのお礼と山を守りたいという気持ちから、時間を作っては心ない人が捨てたごみを拾って持ち帰っているんです」
　リュックサックからは食べのこしの弁当からでしょうか、食べ物のくさったにおいが立ちこめていました。
　平日で登山する人もほとんどいない真夏の山の中で、一人もくもくと額から汗をボタボタとたらし、ごみを拾う青年の姿を見て、住職さんは恥ずかしくなりました。

　今までは散乱しているごみを見ても、「心ない人がいるなぁ」と怒るだけで、足下にあるごみを一つも拾わなかったどころか、「いい気分で散歩しているのが台無しになる」と見て見ぬふりさえしていた自分を深く反省させられたのです。

　次の日、住職さんは、ごみが捨てられているところにはまた誰かがごみを捨てると思い、新生橋の下の大量のごみを片づけることにしました。それには、奥さんと高校生、中学生の二人の息子さんも手伝いました。

　回収したごみを車に積んで、近くの清掃事業所に何回も運び込み、一日かかって、橋の下はきれいになりました。

それから毎日、住職さんは朝夕の犬との散歩には、
必ずごみ袋を持って、散歩コースを少しでも
きれいにしようとごみを拾う活動を始めたのです。

中野家ファミリー

クロ

トッピー

小梅

バッハ

ポン

3
もも子ごみを拾う

厳しい冬が終わり、春になり雪が解け始めると、岩崎川の土手には、雪に埋もれていたごみが目につくようになりました。
　住職さんは、相変わらず犬たちと散歩しながらのごみ拾いを続けていましたが、散歩が終わると大きなごみ袋が拾ったごみで一杯になりました。

この頃のもも子はすっかり身体が大きくなり、
ほとんど成犬に近くなりました。

五月に入ったある日のことです。
　川の上流からビニール袋が流れてきました。住職さんは棒でそれを引っかけて取ろうとしましたが、足を滑らせて、川に落ちてしまいました。
　もも子は驚き、あわてて飛び込むと、住職さんのところに泳いでたどり着きました。住職さんは、
「もも子、だいじょうぶだよ」
　と声をかけました。
　すると、もも子は身をひるがえして、流れているそのビニール袋に向かって泳ぎ始めました。

やがて、そのごみを口にくわえ、住職さんのところに持ってきたのです。
　もも子からごみを受け取った住職さんは、
「もも子！　えらい、えらい、良くやった！」
と大喜びして、川の中でもも子に抱きつきました。
　岸から上がったもも子も住職さんもびしょぬれでした。

　それ以来、もも子は、流れてくるごみ、土手に捨てられたごみ、流れ着いたごみを見つけては、口にくわえて持ってくるようになったのです。
　しかも面白いことに、もも子は、自然にくさる木の枝などには目もくれず、ビン、カン、ペットボトル、プラスチック類、ビニール袋、発砲スチロール、肥料が入っていた袋、紙おむつなど、人が作ったごみだけを選んで持ってくるのでした。

　ネズミを捕獲するための強力粘着剤シートが流れてきて、もも子の毛にへばりつき、なかなかとれず、はがすのに痛い思いをさせてしまったこともありました。
　そんなとき、住職さんは、
「きれいな川や海に連れて行って遊んでやりたいのに、毎日汚い川でごみ拾いをさせて、ゴメンね」
　と、もも子に謝るのでした。
　それに対し、もも子は、
「私は一緒にごみ拾いをして、住職さんが喜ぶのが一番うれしいのです」
　と言いたげに、住職さんを見上げるのです。
　でも、たまにもも子をきれいな川や海に連れて行くと、本当に気持ちよさそうに、プッカ、プッカとのんびり、楽しそうに泳ぐのでした。

　住職さんともも子の散歩中には、さまざまなエピソードがあります。
　大雨で増水し激流と化した川に入り、姿が見えなくなるほど下流まで流されたり、濁流の渦に巻き込まれ、なかなか脱出できなくなったこともありました。
　それでももも子は、くわえたごみは離さず持ってきました。

そのたびに、住職さんは、
「よく帰ってきた。えらい、えらい」
　と、もも子を力一杯ほめてあげるのでした。

　住職さんともも子が、いつものようにごみを拾いながら散歩していると、上流から黒いビニール袋が流れてきました。もも子はそのごみをめがけて泳ぎ、近づきましたが、もも子の様子がいつもと違いました。そのビニール袋をなかなかくわえようとしないのです。

住職さんは、「もも子、もってこい」と叫びました。それでも、もも子はその黒いビニール袋の周りを泳ぎながら、しきりと住職さんのほうを見て、何かを訴えています。住職さんは再び大きな声で「もってこ〜い」と叫びました。
　もも子は、やがて渋々そのごみを持ってきました。住職さんは何が入っているのかと、そのビニール袋の中をのぞき込みました。

「アッ！」

　住職さんは息をのみ、黒いビニール袋を落としてしまいました。そこには生まれて間もない数匹の子犬の赤ちゃんの死体が入っていたのです。

　もも子はビニール袋の中に、自分の仲間の赤ちゃんが死んでいるのを感じて、
「なんて、ひどいことをするの……」
と、住職さんに訴えていたのでした。
　住職さんは、その子犬たちを土手に埋め、咲いていた野の花を添え、手を合わせお経を唱えました。
　もし、生まれてくる子犬を育てられないなら、親犬を手術して子どもが生まれないようにすべきです。生まれて間もない子犬を川に捨てるなんて、許されることではありません。
　住職さんとももも子は、悲しい気持ちになってとぼとぼと家に帰ったのでした。

その日は風が強い日でした。散歩コースの新生橋の下を通りかかると、自転車に乗ったおじさんが橋を渡っていました。

　そのとき強い風が吹き、おじさんの帽子が飛ばされて、川に落ちてしまったのです。住職さんはとっさに、もも子に落ちた帽子を取ってくるように命令すると、もも子はすぐに川に飛び込みました。

　しかし、その日の岩崎川は、前の夜に降った雨で川が増水し、流れが速くなっていました。帽子は、あっという間に下流のほうに流されてしまったのです。

　もも子は一生懸命に泳ぎきり、やっと、帽子に追いつきました。そして、いかにも得意そうな顔つきで帽子をくわえると、土手に上がり走って戻ってきました。

　住職さんは「もも子、えらい、よくやった！」とほめ、もも子から帽子を受け取り、おじさんに渡しました。

　おじさんは、
「すげえ、犬だな！　ありがとよ」
　と感激し、なんとぬれたままの帽子をかぶって立ち去っていきました。
　住職さんはもも子の頭をなでながら、ぬれたままの帽子をかぶって行くおじさんの後ろ姿を、笑いをこらえて見送ったのでした。

　さらにこんなこともありました。
　朝の散歩で、新生橋を通り過ぎたとき、「バシャーン」と川に何かを捨てた大きな音がしました。その音のほうを振り返ると、川にビニール袋が浮いていました。橋の上を見ると、女の人が立っていました。
　おそらくこの人が捨てたのでしょう。もも子はすぐに、川に飛び込み、流れていたビニール袋にたどりつき、それをくわえると、重たそうに引きずりながら持ってきました。住職さんがビニール袋を開けてみると、中に入っていたのは、ぎっしりとつまった残飯でした。

　橋の上にいた女の人は、その一部始終を見ていました。やがて顔を赤らめ、逃げるようにその場を立ち去って行ったのです。

　きっと、もも子が自分の捨てたごみを拾う姿を見て、自分のしたことが恥ずかしくなったのでしょう。

　住職さんは、これにこりて、女の人が二度とこのようなことをしないよう願うのでした。

　毎日、同じ道を散歩しているもも子は、地域ではちょっとした"有名犬"になっていて、特に動物好きな子どもたちからは、「ももちゃん、ももちゃん」と呼ばれ、親しまれていました。

　夏休みになり、子どもたちが岩崎川で釣りをしていました。しばらくして、子どもたちの大きな声が聞こえました。住職さんとも子が、何ごとかと戻ってみると、釣った魚を入れたバケツが流されたというのです。バケツは浮き沈みしながら流されていきます。
　もも子は川に入ったのですが、バケツは浮かんだかと思うと、沈んで見えなくなり、もも子はなかなかくわえることができません。

「ももちゃん、そっちのほうだよ、ガンバレ、ガンバレ」

「アッ、こっちだ、こっちだ、おねがい、おねがい！」

　子どもたちは、大きな声で必死に応援しました。もも子も応援にこたえるかのように必死に泳ぎ、やっとバケツをくわえることができました。

「ももちゃん、ありがとう」

　子どもたちから頭をなでてもらったもも子は、とてもうれしそうに子どもたちにしっぽを振っていました。

　毎日まいにち、もも子たちとごみを拾いながら散歩をしていれば、いいことだけではなく、いやなことに出会うこともありました。

　雪が降っていた冬の日のことです。

　中学生らしき少年たち二人が、新生橋の下流にある新川橋の上から、何かを川に放り投げました。さらに少年たちは、川に落ちたそれをめがけ、石を投げつけていました。

　遠くから見ていた住職さんは、何をしているのだろうと、新川橋のほうに駆けつけました。川に落とされた「それ」はどうやら生き物のようです。その生き物は投げつけられた石に耐えながら、必死に岸に向かって泳いでいます。

　少年たちは、生き物が必死なのが面白いのか、それともなかなか沈まないことにイライラしているのか、さらにしつこく石を投げつけています。

「こら！　何をしているんだ。やめろ！」

　見るに耐えかねた住職さんは、叫びながら急いで土手をかけ下りました。

　川岸に向かって必死に泳いでいたのは、白黒ぶちの子猫だったのです。

住職さんは、寒さでブルブルと震えている子猫を川から抱え上げました。しかし、子猫は小さな牙をむき出しにし、ツメを出して必死に抵抗したので、住職さんの手は傷だらけになってしまいました。

　住職さんはこれ以上ツメで引っかかれないように、着ていたジャンパーで子猫を包み込みました。

　少年たちは、その様子を呆然と見つめています。

　住職さんは、こんなにかわいい小さな子猫を一方的にひどい目にあわせていた少年たちに対して、怒りがふつふつとわいてきました。

「おまえたち、こんな弱い生き物をいじめて、何が面白いんだ！　子猫の気持ちになってみろ！」

　住職さんに怒鳴られた少年たちは、逃げるようにその場を立ち去ったのです。

　なんとか子猫を助けることができましたが、真冬の川に落とされた子猫の身体は冷たくなっていました。早く温めないと死んでしまいます。

　住職さんはジャンパーでくるんだ子猫を抱きしめ、散歩中に集めたごみ袋はもも子の口にくわえさせて、足早に家に戻りました。

　幸い、子猫に目立ったケガはなく、身体が冷えていただけだったので、暖かくした部屋に入れるとみるみるうちに元気を取り戻してきました。住職さんは、タオルで子猫のぬれた身体をふいてやろうとしました。

　しかし、子猫は小さな口を開けて牙を出し、決して身体を触らせようとしてくれません。人間にひどい目にあわされた心の傷が残っているのでしょう。

とはいえ、このまま自由にさせてしまえば、この寒い中、外に飛び出して凍え死んでしまいます。

　住職さんは、かわいそうだとは思いましたが、子猫に首輪とひもをつけ、ひもをコタツの足に結びつけて逃げられないようにしました。そして、コタツのそばにエサとミルクを置いておきました。こうして、しばらく様子を見ていると、子猫はやがてコタツに潜り、身を隠してしまいました。

　ひもがついた生活は、子猫にとって不自由そのものでしょうが、人に慣れないまま外に飛び出し、凍死されるよりはましです。住職さんは、春になったらひもを外してあげるつもりでいました。

　子猫は誰もいないと、コタツから出てきて、置いていたエサを食べますが、人が近づくと、あわててコタツの中に隠れてしまいます。

　結局、子猫が人に慣れることはないまま、季節は春になりました。

　住職さんは、まず子猫を動物病院に連れて行きました。子どもができないように手術してもらうためです。手術後、子猫を連れて戻り、首に鈴をつけて、ひもをつけずにいつものコタツの近くに放しました。

　子猫は、まだひもがついていると思い、いつものようにコタツの周りにいましたが、つながれていないことがわかると、外に飛び出して行きました。しかし、首につけた鈴がチリンチリンと鳴るので、どこにいるのかすぐにわかりました。

　この子猫は"スズ"と名づけられました。スズはそれ以降、外を自由に歩き回るようになりましたが、お寺に誰もいないときにだけ、コッソリとエサを食べに来るようになったのです。

　スズは、決して人間に心を開いてくれることはありません。子猫のときに受けたいじめによって、人間に対して心を固く閉ざしてしまったのです。

そんなスズですが、もともとお寺で飼っていた"ポン"という猫にだけは心を開き、じゃれ合って遊んでいます。ポンはひどいいじめにあった猫の気持ちがわかるのでしょうか、スズが家に連れてこられたときから、なめてあげたり、遊びに誘ったりしていたのでした。

　実はポンも昔、捨てられていた猫だったのです。

　八月のお盆が近くなったある日、墓地のほうで二、三羽のカラスが「ギャー、ギャー」とやかましく鳴くので、住職さんは何ごとかと見にいきました。
　住職さんの姿に驚いたカラスは、少し飛び去り近くの木の枝にとまり、じっと様子をうかがっていました。

　カラスたちが集まっていたところには、血だらけになった子猫の死体がありました。カラスがつついて殺し、食べようとしていたのでしょう。

　近くにはダンボール箱が置いてありました。誰かが、生後間もない子猫をダンボール箱に入れて墓地に捨てたのでしょう。何匹かはもう食べられてしまったのか、ダンボール箱の中は空っぽでした。

　住職さんは「かわいそうに、ずいぶんひどいことをするな」と思いました。その気持ちはカラスにではなく、捨てた人間に対してでした。

　こんなところに子猫を捨てれば、カラスの格好のエサになることはわかりきっています。残酷な結果は、すべて子猫を捨てた人間のせいなのです。

子猫の死体を埋めてあげようと置いてあったダンボール箱に入れて、帰ろうとしたときです。

　近くから
「ニャオー、ニャオー」と弱々(よわよわ)しい子猫の鳴き声が、聞こえてきました。
　なんと、お墓(はか)に一匹の子猫が隠れていたのでした。

クロ（左）とポン（右）

それがいまのポンです。
　お盆の近い日に捨てられていたから、おぼんの「ぼん」が「ポン」になったのです。
　ポンは捨てられ、恐い目にあったから、スズの気持ちがわかり、優しく面倒を見たのでしょう。

スズ（左）とポン（右）

ある日の散歩中、川岸の木の枝に、ビニール袋が引っかかっていました。もも子はそれを取ろうとして、土手からかけ下りました。
「キャ～ン」
　という声が聞こえ、住職さんは、あわてて土手をかけ下りました。
　そこには鋭利に割れたガラスビンが散乱しており、もも子は足を血だらけにして、そこにうずくまっていました。もも子はそのガラス片で足の裏を切ってしまったのです。もも子は痛さとショックで歩けなくなってしまいました。
「大変だ！」
　住職さんは、すっかり成犬となり三十五キロもあるもも子を背負って家に連れて帰りました。

　家に帰るとすぐに、いつもお世話になっている動物病院に電話をかけてみました。すでに夕方六時を過ぎていたので閉まっているかもしれないと思いましたが、幸いにも病院はまだ開いていました。
　もも子の様子を聞いた先生は、
「すぐに診ますから、連れて来てください」
と心配そうに言いました。
　急いでもも子を車に乗せ、病院に連れて行きました。
　先生は準備をして待っていて、すぐに診察台の上にもも子を載せ、足の裏の血をガーゼできれいにふき取ると、
「足の裏の肉球が切れていますが、それほど心配はないでしょう」
と言いました。

住職さんは少し安心して、
「もも子、たいしたことがなくてよかったね」
　と、痛いのを我慢して、じっとしているもも子を優しくなでたのでした。
　そのケガは一カ月ほどで治りましたが、もも子は半年後に、また同じようなケガをしてしまったのです。
　ガラスビンを捨てた人は、犬をケガさせてやろうと思って捨てたわけではないでしょう。しかし、ビンの中にたまった水が、冬の間に凍って、ビンが鋭く割れてしまったのかもしれません。もしかしたら、誰かがいたずらで割ってしまったのかもしれません。どちらにしても、ビンを捨てるという心ない行為が、犬がケガをするという残念な結果につながったのは事実です。

　新聞にこんな記事が載っていました。
　日本の海岸に、死んで打ち上げられる海ガメが増えているそうです。打ち上げられる海ガメの死体を解剖して死因を調べたところ、胃の中からビニールやプラスチック片が出てきたというのです。
　海ガメは、産卵に備え一生懸命にエサを食べます。海を漂うビニール袋やプラスチックの破片が、海ガメには好物のクラゲに見えるのでしょう。お腹一杯それらの漂流物をエサと間違えて食べて死んでしまうのです。
　誰かが何気なく捨てたごみ。
　それが雨で小さな川に流され、やがて、小さな川から、大きな川へ、最後は海に流されていきます。
　それを海ガメが見つけて、食べてしまい、その結果、命を落としてしまうこともあるのです。

毎日まいにち、ごみを拾い続けるもも子。もも子はごみ拾いをどのように思っているのか。住職さんはもも子の気持ちになりきり、もも子に代わって書いた作文を、地元の新聞に投稿することにしました。すると、その投稿が採用され、新聞に掲載されたのです。

　私はもも子。一才のメス犬です。主人は毎朝夕、欠かさず近くの川に散歩に連れて行ってくれます。そこは、とても景色がよく、私のお気に入りのところですが、残念なことにごみが多いのです。
　私は川を流れてくるごみを見つけると、泳いで口にくわえ、主人に運んで行きます。ビニール類、ビン、カン、紙おむつなどさまざまなごみが流れてきます。私は字が読めないので、危険な農薬の入っていた容器を知らないでくわえてくることもあります。ガラスの破片で足をケガしたこともあります。

　あるとき、別な犬が言いました。
「無駄なことをしているね。少しくらい拾ったって、どこの川や海や山も、人間が捨てたごみでいっぱいだよ。それに、せっかくの美しい毛並みがドブ臭くなってしまうよ」
　でも、私は、
「このごみが川や海を汚し、仲間の動物が苦しむのを、ただだまって見ていることはできないんだよ」
　と、言ってやりました。
　人間はどうして、ごみを捨てて、他の生き物を苦しめるのでしょうか。親愛なる人間様、どうぞごみを捨てないでください。　　　　　　　　　　　（岩手日報）

　もも子は、（どうして、人間はごみを捨てて、地球上に生きる他の多くの生き物を苦しめるのかな？　人間って、自分のことしか考えない生き物なのかな）と思っているに違いありません。

　生後十ヶ月頃からごみ拾いをはじめたもも子は、地域では"ごみ拾い犬"として知られるようになりました。
　ある日、その話を聞きつけた地元のテレビ局から、もも子に対して取材の申し入れがありました。住職さんは、「この取材が、地元のみんながごみ問題と環境問題について考えるきっかけに少しでもなってくれれば」
　と思い、取材を受けることにしました。

　取材の日、住職さんはもも子がアナウンサーやテレビカメラの前で、普段通りにごみ拾いをしてくれるか心配でした。住職さんは心の中で、「もも子、いつものようにちゃんと拾ってくれ」と祈りました。

しかし、住職さんの心配をよそに、もも子はいつもと変わりなく、むしろ、いつも以上に張り切ってごみを拾いました。テレビ局の人たちは、もも子がごみ拾いする様子を目の当たりにして、「おぉー、すごい、すごい。えらいなぁ！」と驚き、感動していました。

　もも子は、ごみを捨てる心ない人に、テレビを通して訴えたかったのでしょう。

　（あなたが捨てたたった一個のごみでも、私は川に入り泳いで持ってくるのですよ。犬の私に拾わせて恥ずかしくないのですか！）

　もも子の活躍は、地元の岩手県だけではなく、全国のテレビでも紹介されました。

　ある番組では、オスのラブラドール・レトリバーがもも子の真似をして、ごみ拾いに挑戦しました。

　スタッフが川にペットボトルを投げ入れ、回収させようとしましたが、残念ながら見失ってしまいました。

　結局はもも子が回収してきました。それを見たオスのラブラドール・レトリバーは「ワッ、ワンワン、ワン！」と、もも子に向かって吠えました。
（ぼくはできなかったのに、ももちゃんはすごいなぁ～、えらいなぁ～！）と、もも子をほめているようでした。
　どの取材のときでも、もも子は一生懸命にごみを拾い、その姿は多くの視聴者に感動を与えました。わざわざ遠くから、もも子に会いに来る人もあったほどです。
　お寺にお参りに来た人たちも、
「ももちゃんテレビ見たよ。一生懸命な姿に思わず涙が出たよ」
　と優しくなでてくれました。
　もちろん、もも子は近くに住む子どもたちの人気者です。子どもたちが一緒に散歩しながら、ごみ拾いを手伝ってくれるときは、もも子はいつもより、しっぽをぶんぶんと振って、楽しそうにごみ拾いをするのでした。

　教えたことはすぐに覚え、何でも理解できたもも子でしたが、失敗したこともあります。

　もも子が一才頃のことでした。
　住職さんが檀家さんの十三回忌（人が亡くなってから十三年目に行う供養）のお勤めを本堂で行っていました。
　住職さんが亡くなった人のためにお経を読んでいたときです。参列者のあちこちから「クスクス」と笑い声が聞こえてきたのです。
　住職さんは一心にお経を読んでいるのに、何がおかしいのかと、参列者のほうを見ました。それでも、まだ笑い声が聞こえてきます。住職さんは「どうしたのだろう」と不思議に思いながらも、お経を読み続けました。そのときです。もも子がそーっと住職さんの顔をのぞき込んだのです。
　実はもも子は、さっきから住職さんのうしろのほうに座っていたのですが、住職さんが気がつかないので、（さっきからここにいるのに……）と顔を見せたのでした。

住職さんはびっくりしましたが、お経を読むのを止めるわけにもいかず、心の中で、(いけない！　早く出て行きなさい) と念じました。
　もも子はしばらく住職さんの顔を見上げていましたが、いけないことだと気づいたのか、しっぽを下げ、すごすごと本堂から出て行きました。

　お勤めが終わり、住職さんは檀家さんに「いやぁ〜、もも子が入ってきて、誠に申し訳ございませんでした」と謝りました。
　檀家さんは、「今日はお寺のももちゃんにも拝んでもらって、亡くなったおじいちゃんは少しビックリしたかも知れませんが、喜んでいると思いますよ」と笑いながら言いました。
　檀家さんも亡くなった人も大の犬好きだったので、住職さんはほっと胸をなで下ろしたのでした。

もも子（左）とトッピー（右）

もう一つは、もも子が二才半頃のことです。
　住職さんがいつものように、朝の勤行（ご本尊様の前でお経を読むこと）をしようと本堂に行ったときです。おさいせん箱が壊され、中のお金が盗まれていたのです。
　もも子は夜中に本堂に人の気配を感じて、そばで寝ていた住職さんに教えようと、顔を一生懸命になめました。しかし、住職さんは、
「もも子、どうしたの？　まだ夜中だよ。もう少し寝なさい」
　とうるさそうに言ったので、もも子はこれ以上住職さんを起こすのを止めてしまったのです。
　もも子はお寺に来たときから、家族はもちろんお寺に用事があって来る人やお参りに来る人たちみんなから、かわいがられて育ちました。
　だから、お寺に来る人はみんな優しくいい人だと思っていたので、まさかお寺に来て泥棒をするような悪い人がいるとは、考えもしなかったのでした。

　それが、結果的に泥棒を見逃してしまうことになってしまったのです。
　本堂から戻った住職さんは、もも子に、
「昨夜、本堂に泥棒が入ったよ。もも子は教えてくれたけど、まさか泥棒とは思わないよね、もも子は人間を信頼しているものね」
と言って、頭をなでたのでした。

　ごみ拾いを続けて、五年が過ぎました。しかし、拾っても拾ってもごみは減るどころか、むしろ増えてくるのでした。
　住職さんは、いくらもも子と頑張っても小さな力ではどうにもならないと考え、住んでいる紫波町に「ごみを捨てるのを禁止する条例を作って欲しい」とお願いしました。

住職さんのお願い文

　紫波町は母なる北上川が流れる緑豊かな町です。

　しかしながら、現実はあまりにも嘆かわしく、山、河川、空き地、道路などあらゆる場所にカン、ビン、ビニール、プラスチックなどのごみが捨てられています。紫波町の美しい自然を、子どもや孫のために何とか残したいものです。

　もちろん、この問題は紫波町だけで解決できる問題ではありませんが、まず、紫波町が岩手県の中心となって、町ぐるみできれいな町作りをするために『ごみポイ捨て禁止条例』を制定してください。

この文章が町議会で認められ、紫波町で県内初の罰則つき『ごみポイ捨て禁止条例』が制定されたのです。
　制定されてからは、以前よりごみは減ってきましたが、それでも、川の上流からはごみが流れてきたり、土手などにもごみが捨てられていることがあります。

　　住職さんとももこは、きれいな町となることを願って、今日もごみを拾いながら散歩しているのです。

4
もも子人の心をいやす

　疲れて家に帰ったときペットから元気をもらった、悲しいときやつらいときにペットから慰めてもらった、という話をよく聞きます。犬や猫などの動物は、人間の言葉を話すことはできません。しかしその分、人間の心を読み取り、人間と心を通わせることができる不思議な力を持っているのです。

　もも子が三才になったある日の午前中、一人の女の子がお寺を訪ねてきました。女の子は、元気がなく、少し思い悩んでいる様子でした。住職さんは心配になったので、部屋に通して話を聞くことにしました。
「あなたは中学生ですか？　今日は学校は？」
　住職さんは問いかけました。
「学校はさぼっちゃった。ところで、ももちゃんは元気ですか？」
　と女の子は答えました。

「もも子を知ってるの？」

「以前、坐禅会でこのお寺に来たときに、ももちゃんに会ったの」

坐禅会とは、地元にある古館小学校のＰＴＡ行事で、毎年小学六年生がお寺に来て、坐禅を体験するという会です。

住職さんは、坐禅が終わったあと、もも子のごみ拾いを交えながら、子どもたちに命と環境の大切さを伝えるお話をしていました。

その話を聞いた子どもたちは、帰り際に境内にいるもも子に、

「ももちゃん、いつもごみを拾って、えらいね」

と優しく声をかけてくれます。

女の子は、その坐禅会に参加した一人でした。

「そうか、もも子に会いに来てくれたのかい。ちょっと待って、いま連れてくるから」

　住職さんがそう言うと、女の子は、今までうつむいていた顔を上げて「ウン」と少し微笑(ほほえ)んで答えました。

　住職さんは、もも子を部屋に連れてくると、女の子ともも子を二人きりにして、自分は席(せき)を外しました。女の子には「もも子になら話すことができるだろう」という悩みがあるのではと気を利(き)かせたのです。

　二人が部屋にこもってからしばらく時間がたち、女の子ともも子がなかよく部屋から出てきました。女の子はニッコリと笑いながら、

「やっぱり、学校に行く」

　と言って、帰って行きました。

女の子に、お寺に来たときのような思い悩んだ雰囲気はもうありませんでした。
　住職さんには、女の子ともも子との間にどのようなやりとりがあったのかはわかりません。でも、女の子はもも子から励まされ、元気をもらったとのだと思いました。

　また、別の日のこと、身体の不自由な子どもたちの入所している施設から電話がありました。
「施設の子どもたちは、普段、犬とふれあう機会がないので、来ていただけませんか？」
　住職さんは、子どもたちのお役に立てるのなら、と快く返事をしました。しかし、三十人くらいの子どもたちが待っているというので、すべての子どもたちに満足してもらうには、もも子だけでは犬の数が足りません。
　そこで、住職さんは仲間の飼い主さんに呼びかけました。仲間の飼い主さんたちも、喜んで参加してくれることになりました。

　施設訪問の当日は、たくさんの犬が集まりました。

　ミックス、アメリカコッカースパニエル、プードル、パグ、ビーグル、ダックスフンド、パピヨン、バセットハウンド、ボーダーコリー、ウエルシュコーギー、ビアデッドコリー、ビションフリーゼ、ラブラドール……。

　きれいにシャンプーをしてもらい、中にはかわいい洋服を着ておしゃれをして参加している犬もいます。

　どの犬も、人とはもちろん他の犬ともなかよくできるようにしつけされています。

　施設に入ると、「ワァッ！　かわいい」という歓声があちこちから聞こえてきました。車イスの子、歩行器を使っている子、寝たきりの子もいました。

　はじめに、それぞれの犬の飼い主から、種類、名前、性格などの紹介がありました。

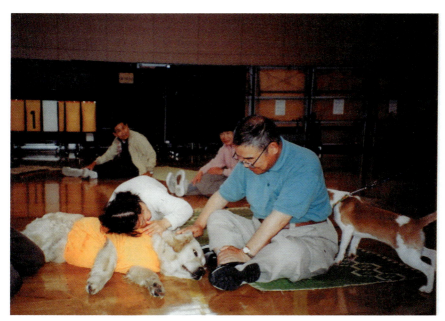

　住職さんも、はりきってもも子を紹介しました。
「この犬はゴールデン・レトリバーという種類で、名前はもも子と言います。とてもおとなしく、泳ぎが得意で、散歩のときには川に入ってごみも拾います」
　さあ、いよいよふれあいのはじまりです。両手をいっぱいに広げてかけ寄って、うれしそうに犬をなでる子。おっかなびっくり近づいては離れ、離れてはまた近づく子。車イスで散歩させる子。寝たきりの子には、飼い主さんが犬を抱っこして、さわれるようにしていました。
　犬のぬいぐるみを抱っこした一人の女の子が、もも子に近づいて来ました。そして、ぬいぐるみを抱いていないほうの手をもも子の首に回し、抱きつきました。そして、顔をもも子にぺたんとくっつけたまま、「あったか〜い！」と叫んだのです。

その女の子は犬が大好きで、いつも犬のぬいぐるみを抱きしめていたのだそうです。しかし、身体が不自由な上にその機会もなかったので、それまで本当の犬にさわったことがありませんでした。そして、今日、はじめて本物の生きている犬にさわったのです。女の子は大喜びです。ぬいぐるみの犬からは感じられない、本物の生きている犬の温もりを肌で感じてくれたと思います。
　ふれあいの間、犬たちはいろいろな芸も見せました。
　もも子は子どもが投げたビーチボールを鼻先でポンとついて、投げた子どもに返す芸を披露しました。その度に大きな歓声と拍手をもらって、もも子は得意げでした。
　あっという間に時間が過ぎ、代表の子が「今日は、とても楽しかったです。また、来てください」と挨拶してくれました。
　もも子や仲間の犬たちにとって、はじめての施設でのふれあい活動でしたが、どの犬も子どもたちとなかよく交流ができたのでした。

住職さんは教誨師（少年院や刑務所で罪を悔い改めさせ、正しい人になるように教える人）として、少年院に行き少年の悩みを聞いたり、自分の犯した罪を深く反省し、二度と過ちをくり返さない清い心になるように教え導く仕事もしています。

　ある一人の少年と面会したときのことです。その少年は何を聞かれても、あまり返事もせず、横を向いていました。ところが、住職さんが飼っている犬の話をしたときだけ、少年の顔がほころび住職さんに目を向けたのでした。

　そこで、次回の面会のときには、少年院の職員に許可をもらい、住職さんはもも子を連れて行きました。少年はまさか犬が来るとは思ってもいなかったので、一瞬驚いた表情を見せましたが、すぐに穏やかな笑顔を見せて、床に座り込み、優しくもも子をなでるのでした。

　もも子が少年の緊張をほぐしてくれたのです。

　その後の少年は、自分の悩みや悲しみ、不安などを打ち明け、住職さんにいろいろなことを聞いてきました。少年は住職さんの話を素直に聞くようになり、やがて、面会を重ねるうちに、自分の犯した罪を心から反省するようになったのです。

　もも子がいたことで、少年と住職さんの間には、明らかに初回とは違う空気が流れていました。警戒心の強い少年は、一対一だとどうしても相手に対して構えてしまいます。それが、そこに犬がいることで緊張がほぐれ、互いにうち解けあえるようになったのです。特にその少年は犬が好きだったようなので、その効果はなおさら大きかったのでしょう。

　この経験から、住職さんは、少年院に入っている他の少年たちにも犬とふれあい、その温もりから命の尊さを感じてもらいたいと思いました。そして、院長さんに、ぜひ少年たちが犬とふれあう機会を作ってもらいたいとお願いしました。

院長さんも、「少年たちに、命の尊さをじかに感じてもらう良い機会になれば」とこの提案(ていあん)を受け入れてくれたのです。
　こうして、少年院で犬とのふれあい活動が行われるようになりました。

　当日の朝、少年たちは、院の職員に「本当に今日、犬が来るんですか？」とわくわくしながら聞いていたそうです。
　住職さんはこの日のために、以前、身体が不自由な子どもたちの施設に行ったときに声をかけた犬の飼い主さんたちに、同じように声をかけていました。その日も、もも子をはじめ、たくさんの犬が集まりました。

まず住職さんは、少年たちに犬のことについて話しました。
　犬と人間は二万年以上も昔から一緒に生活してきました。ですから、人との絆（きずな）は非常（ひじょう）に深いのです。犬は言葉が話せない分、人間の心を読む能力（のうりょく）が非常に優（すぐ）れています。こちらが、ゆったりと優しい気持ちになっていると、犬も安心してのんびりとしています。

人が悲しいことやつらいことで落ち込んでいると、
「どうしたの？」
　と不安な表情で見上げます。犬は、人間の心を読んで、心配してくれるのです。
　人と犬とは心が通じ合い、犬がそばにいるだけで、人は心が穏やかになります。
　実際に医学的な実験でも、犬や猫などの動物とふれあうことによって、血圧が下がる、心の不安が取り除かれるなどの医学的な効果があるという結果が報告されています。
　このように、社会に潤いを与え、人間の心を癒し、健康な生活をもたらしてくれるのが犬や猫などの動物なのです。そのような動物を傷つけるとか、いじめるというのはもってのほかです。

　そして、住職さんは、川に捨てられ、石まで投げつけられた猫の"スズ"の話をしました。

　人間にひどくいじめられた"スズ"は今でも心を開いてくれることはありません。
　たとえ、軽い気持ちでふざけてからかっただけだと思っても、受けた本人はこちらが思う以上に、心に深い傷を受けていることもあるのです。
　これらの話を、少年たちは真剣に聞いていました。
　それから、犬との接し方について実際に、参加した犬をモデルに、やって見せました。

犬を飼う五箇条

　一、自分の生活、住宅環境にあった犬を飼うこと。活発な犬もいれば、おとなしい犬もいます。犬とどのような生活をしたいか考えてから、犬種を選ぶ。

　二、毎日散歩させなければならないので、飼い主は規則正しい生活をする。

　三、最後まで責任をもって飼う。病気の予防も行い、病気になったら、きちんと獣医さんに診てもらう。

　四、愛情をもって、しっかりとしつけをする。人が優しく育てた犬は、人に優しい犬になります。決して、叩いたり、蹴ったりしてはいけません。そのようにして大きくなった犬は、人を信用しませんし、人を噛む犬になります。

　五、望まない繁殖を防ぐため、不妊、去勢手術を行う。むやみに繁殖して、不幸な犬をつくらない。

　犬の紹介のあと、いよいよ少年たちとのふれあいが始まりました。
「この犬は何という種類ですか？」
「どうすれば、優しく育つのですか？」
「家でも犬を飼っています。今までは、あまり世話をしなかった。帰ったら、散歩したり、一緒に遊びたいなぁ」
「小さいとき、犬にかまれたから、犬は恐いと思っていた。でも、今日の犬たちは優しいね」
「はじめてさわった。犬って柔(やわ)らかくて温(あった)かいなぁ」
「ドクドクという音が聞こえる」
　この少年は、寝そべったもも子の胸に耳を当て、心臓(しんぞう)の鼓動(こどう)を聞いていました。
　あちらこちらから、笑い声が聞こえてきます。飼い主さんに質問したり、話しかけたりと犬を囲(かこ)んで会話がはずんでいます。
　終わる頃には、犬が苦手だという少年もすっかり慣れ、「また、会いたいな」と声をかけてくれました。

あっという間の一時間でした。
　住職さんは終わりの挨拶で、「皆さんの中で、将来犬を飼いたいと思う人？」とたずねました。すると、多くの少年が手を挙げました。そこで、住職さんは犬を飼うために守ってもらいたいことを話しました。
　そして、書家で詩人の相田みつをさんの「ただいるだけで」という詩を紹介し、最後に少年たちにメッセージを送りました。

「今日の犬たちのように、私たちも、自分がそこにいるだけで、周りの空気が明るくなり、周りの人たちの心が和むような優しい人になりましょう。
　犬たちとふれ合っていたときの笑顔を忘れないように、ここでの生活を頑張り、立派に更生して社会に戻ってください」

　少年たちから、優しくなでてもらった犬たちは、満足げにしっぽをフリフリしながら、少年院を後にしました。

　後日、少年院の院長さんから、お礼の手紙と少年たちの感想文が届きました。

　生徒たちは、久々にかわいい動物たちとふれあい、心が和やかになったようで、ふれあい後の彼らの表情は明るく素晴らしいものでした。

　当日は、短い時間でしたが、十分に楽しむことができただけでなく、命の大切さや愛情などについても考えさせられたようでした。

　少年たちの感想文の一部を紹介します。

　A少年「私は、見つめているだけで心が和み、自分でも知らない内に、犬の身体にふれていて、私は、自分の心の中に、楽しいという文字と、うれしいという文字だけが、いっぱい広がっていました」

　B少年「家族と会うことの数少ないここでの生活の中で、今日の犬とのふれあいの時間は私の心を洗ってくれるようでした。犬と接しているときは心が優しくなって、非行とは関係がない自分が心の中にいました」

C少年「犬や動物は嫌(いや)なことがあったり、痛いことがあったりしても言葉では伝えられない。たとえ、身体や顔で伝えても、人間はおもしろがって見ていたり、見て見ぬふりをしている。私は、人間の立場だけで見ないで、このような他の動物たちの立場に立って見なければいけないと思いました。犬や動物たちにも素晴らしいところがあるし、優しい笑顔や温かい心があります。そして、何よりも命があります。私にこのようなことを考えさせてくれた犬たち、ありがとう」

　住職さんは、少年たちが犬とふれあうことによって、その温もりから、生きとし生けるものの命の尊さに目覚め、思いやりの心が育(はぐく)まれることを願い、今後も活動を続けていきたいと決意(けつい)を新(あら)たにしたのでした。
　住職さんは、身体の不自由な子どもたちの施設、少年院と「ふれあい活動」を続け、犬には本当に人の心を癒す力があると確信(かくしん)しました。

　そこで、犬仲間の人たちと月一回、お年寄りが入所している施設を訪問することにしました。
　施設を訪問する日は、もも子はいつも朝からそわそわしています。今日はふれあい活動の日とわかるのでしょう。施設でお年寄りからかわいがってもらうのを楽しみにしているのです。施設では、イスに座ったお年寄りの皆さんが待っていてくれます。訪問する犬の名前をすべて覚えてくれたお年寄りもいます。
　もも子が病気やケガで休んだときは、
「ももちゃんはどうしたの？」
　と聞かれることもありました。
　最初に訪問した頃は、ただ見ているだけだったのが、今では大の犬好きとなり、自分から手を出してなでてくれるお年寄りもいます。

　ふれあいが始まると、あちこちから笑い声が聞こえてきます。犬にふれ、その温もりとやわらかさがお年寄りの心を和らげ、笑顔にさせるのでしょう。
　ふれあいが終わったあと、施設の職員の方が、
「ほとんど他のお年寄りや職員と会話をしたことがない方が、前に飼っていた犬を思い出し、いろいろなことを話していた」
「手を動かそうとしなかった方が、犬をなでようと手を差し出していた」
「全く表情がなかった方が、笑顔を見せた」
　と驚いた様子で話してくれました。

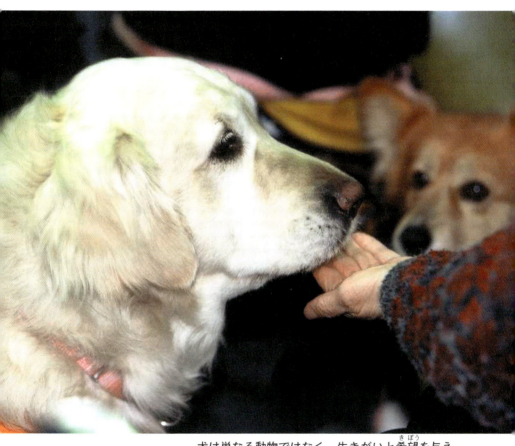

犬は単なる動物ではなく、生きがいと希望を与え、人間にさまざまな効果をもたらす不思議な力があることを、住職さんは改めて知ったのでした。

　もも子がごみ拾いを始めてから十年以上もたった、ある日のことです。
　もも子は、川を流れてくるごみを見つけました。いつもなら、すぐに土手をかけ下り、川に飛び込み、ごみを拾うのですが、このときはちょっと様子が違いました。
　住職さんのほうを見て、「クーン、クーン」と行きたくないと訴えるのです。
　住職さんはどうしたのかなと思いましたが、「ヨシ、ヨシ、もも子、行かなくていいよ」と言って、もも子をなでました。結局、その日は土手のごみだけを拾って帰りました。
　家に帰り、住職さんはもも子の身体にブラシをかけていました。すると、もも子の胸に、しこりがあるのに気づきました。住職さんは、あわてて動物病院に連絡し、すぐに検査をしてもらいました。しこりの正体は、乳ガンだったのです。

幸運なことに、手術で乳ガンを取ることができました。しかしそれ以来、もも子は自分でも体力がなくなったのがわかるのか、日ごとに川に入ってごみを持ってくることが少なくなりました。
　でも、ごみが流れてくるのを見つけると、気になるらしく、しばらくそのごみを見つめています。
　そんなとき、住職さんは、「もも子、行かなくていいよ」と優しく声をかけるのでした。

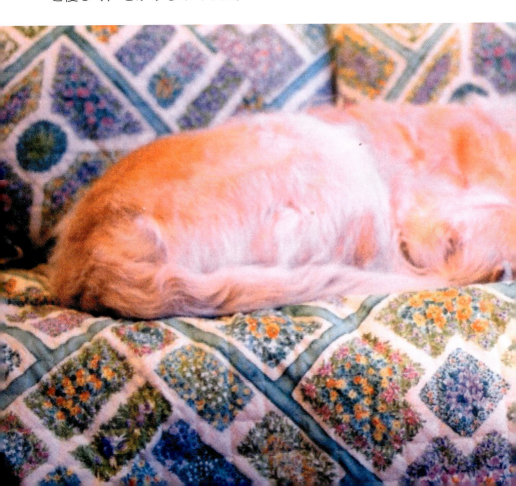

体調が良いときには、散歩道の近くにあるごみを見つけては持ってくるのですが、「ありがとう、もういいよ、あとは私が拾うから」と、住職さんはもも子をいたわるようにしているのです。
　もも子はほとんど耳も聞こえなくなり、眠っていることが多くなりました。

そんなもも子に、岩手県のごみ問題を担当している職員の方から、「ポスターのモデルになって欲しい」という依頼がありました。それは、その年の環境問題を訴えるポスターに、「ぜひ、ごみ拾いで有名なもも子の写真を使いたい」というものでした。

　住職さんは、もも子が環境を守ることに役立つのであれば、もも子もきっと喜ぶと思い、

「どうぞ、使ってください」

　と答えました。

　ポスターにはもも子がごみをくわえている写真が使われました。

実際のポスター

そして、テレビ岩手の「いわて情報ステーション〜ポイ捨てのない美しい岩手県を目指して〜」という県政番組で、もも子のポスターが取り上げられました。その中で、十年以上も前に放映されたもも子のごみ拾いの様子も映し出され、番組では広く県民にごみポイ捨て禁止を呼びかけたのでした。

　さらに、それから十日後、住職さんともも子が同じテレビ局の番組に生出演したのです。
　テレビの取材は何回も受けているもも子ですが、スタジオでの生出演ははじめてでした。住職さんともも子は少し緊張して、テレビ局のスタジオに案内されました。スタジオは天井からの大量のライトで明るく照らされ、スタッフの人たちが忙しそうに動き回っていました。

　それでも、スタッフの人たちはもも子を見つけると、
「ワアッ、かわいい！」
「おとなしいね」
　などといって、忙しい中、代わる代わるもも子をなでてくれたのでした。もも子は緊張がほぐれ、安心したのか、そのうちに「クー、クー」と軽いいびきをかいて眠ってしまいました。
　ディレクターが、
「ももちゃんは、お年で疲れているみたいですので、本番ギリギリまで寝かせておきましょう」
　と、もも子を気づかってくれました。
　ディレクターとアナウンサーとで軽い打ち合わせを終えて、本番待ちです。
　住職さんは、本番の二、三分前に、「さあ、もも子、出番だよ」といって、もも子を起こしました。

生放送で、もも子はごみ拾い犬として紹介され、ごみを拾っている様子が映し出される中、視聴者にごみ問題を訴えました。
　放送後、「ももちゃん、お疲れさま」とスタッフの人たちからねぎらいの言葉をかけてもらい、放送局をあとにしました。
　あとで、ビデオを見た住職さんは、「本番直前まで眠っていたからか、もも子は少し寝ぼけ顔だ」と思いました。
　年老いたもも子は、若いときのようにはごみ拾いができません。でも、ポスターやテレビを通じて、きれいな町づくりに貢献しているのです。
　もも子がテレビ出演したあと、檀家さんの娘さんから手紙が届きました。

　ももちゃんのテレビ出演を家族で、わくわくしながら見させていただきました。
　おっとりとしたももちゃんがテレビに映ると、子どもたちは大喜び！「ももちゃんだ、ももちゃんだ！」と、四才のはやとも大興奮でした。
　若いももちゃんの貴重な姿も、みんなで見ました。
　和尚さまがごみを拾う姿を見て、自然とごみを拾うようになったというももちゃん。和尚さまのように、気持ちを優しく穏やかに愛情を持って接していれば、その和尚さまの背中を見て、ももちゃんはいろいろ考えて、学んでいくんだなあと思いました。
　子育て真っ最中の私は、和尚さまとももちゃんの背中を見て、たくさんのことを学ばせていただいています。
　私自身が心穏やかに、愛情を持って日々一生懸命暮らしていくことが、きっと子どもたちに多くのことを伝えられる一番の方法なのだろうと思います。

オープニングの和尚さまのとてもとてもうれしそうな表情が印象的でした。
　母は「本当にももちゃんのことが大切なんだねえ」とつくづく感じたと言っておりました。
　母はテレビを見てから、うちの犬「けい太」の散歩に行きながら、ごみを拾ってくるようになりました。
「できることから少しずつ、やればいいんだよね」という母の言葉。その通りだなあと思いました。
　そのことに気づかせてくれたももちゃんと和尚さま、ありがとうございます。

和智　聡子（わち　さとこ）

　食事と散歩以外は、昼間でもほとんど寝入っているもも子。

　それでも、犬好きの人がお墓にお参りに来ると、住職さんに見つからないように、こっそりと起き上がり、お供え物を分けてもらいにお墓について行くのです。

　住職さんは、見て見ぬふりをしているのですが、どうして、耳が聞こえなくなったもも子が犬好きの人がお墓にやって来たのがわかるのか、今でも不思議に思っているのです。

　今日も住職さんのそばで、軽く寝息を立て、気持ちよさそうに眠っているもも子は、どんな夢を見ているのかな。きっと、ごみのないきれいな川で、のんびりと楽しく泳いでいる夢を見ていることでしょう。

5
エピローグ

もも子は、十三歳と五ヶ月でその生涯を終えました。

亡くなったもも子や一緒に飼っていた犬は、火葬しお骨にして部屋に置いていました。いつかはお墓を建てたいと思っていましたが、お寺を工事する予定もあったことから、のびのびとなっていたのでした。

　もも子が亡くなって、二年半後の平成二十一年五月にお墓とともにもも子の石像ができました。

　もも子のお寺にペットを埋葬したいという飼い主さんの希望も多かったので、住職さんは、他のペットも埋葬できるようにペット墓地を造りました。

　ペットを亡くし、悲しむ飼い主さんが、そこを訪れて心が癒やされ、明るい気持ちになれるようにと、日当たりが良く、見晴らしも良く、四季折々の花に囲まれた場所です。そして、子どもが大好きだったもも子が寂しくないように、子どもたちの遊び場ともなるように芝生が敷かれています。

　お墓には、ペットへの感謝の思いを書いた住職さんの詩が刻まれています。

つぶらなひとみ　むじゃきなしぐさ
やわらかなぬくもり　わすれはしない
うれしいときも　かなしいときも

ともにすごした　おもいでのひびよ
いっぱいいっぱい
ありがとう

もも子が亡くなってから四年後の平成二十二年に、もも子が「学研教育みらい」の岩手県版「みんなのどうとく１年」の教材になったのです。

　もも子のことをもっと知りたいと、小学校をはじめいろいろな施設などから、講演を頼まれることが以前にも増して多くなりました。住職さんから直接もも子の話を聞いた子どもたちからは、感想文がたくさん送られてきました。

　人がすてたごみを川の中まで入ってひろってくれて、わたしは「ありがとう」の気もちでいっぱいになりました。じゅうしょくさんはもも子がしんじゃってとても悲しかったと思います。
　わたしもなみだが出てきました。もも子のお話を聞くことができて、ほんとうによかったです。一度、もも子に会いたかったです。わたしはもも子の話を知らなかったらごみを川にすてていたかもしれません。小学三年生 T・M

　小学校にかようほどうにどこからかとんできたごみとだれかがおとしてしまったごみがあります。学校のかえりに一つでも二つでもひろってかえります。そしてぼくは、ごみをぜったいにすてません。もも子ちゃんの願いをリレーします。小学校二年生 Y・S

住職さんは、十三年間ごみを拾い続けたもも子の願いが、しっかりと子どもたちに受け継がれていることを、とても嬉しく思ったのでした。

　平成二十三年三月十一日
　午後二時四十六分
　忘れもしない東日本大震災が起こりました。
　住職さんは、大きな被害を受けた岩手県陸前高田市や大船渡市に、犬仲間と行き、被災した犬の保護活動をしました。住職さんのところも、飼い主さんがいなくなった犬や、家屋を流されて飼えなくなった犬たちを預かりました。
　そんな中、お寺で飼われていた最後の犬、小梅が十五歳で亡くなりました。
　しかし、住職さんは悲しんでいる暇はありませんでした。引き取った犬の世話や、新しい飼い主さんを捜すのに大忙しの毎日でした。
　やがて、預かっていた犬たちも新しい飼い主さんのところにもらわれたり、元の飼い主さんに戻るなどして、住職さんのところには、一匹の犬もいなくなりました。

しばらくの間、住職さんは犬のいない寂しい思いをしていたところ、元気のない住職さんを見かねた奥さんが、「もう一度、犬を飼いましょうか」と声をかけたのでした。
　住職さんは、その声に励まされ、平成二十五年五月に新しい小犬を迎えたのです。
　その子犬はもも子と同じ種類のゴールデン・レトリバーで、どことなくもも子に似ており、「なな子」と名付けられました。
　なな子が一歳くらいになったある日、なんと川岸の茂みから、捨てられていたビニール袋を持って来たのです。ビニール袋には、食べ残しの弁当が入っており、なな子はその匂いにつられ、くわえて持って来たのでしょう。
　なな子は「しめた！」と思い、食べ残しの弁当を食べようと持って来たのに、住職さんに取り上げられてしまったので、少し残念な顔をしました。
　でも、住職さんが「なな子、えらい！えらい！」と大喜びしたので、なな子もつられて嬉しくなったのでしょうか、得意げにしっぽを振りました。

なな子

　それ以来、なな子は気が向けば、散歩のたびに土手や川に捨てられいる、ペットボトルやカンなどのごみを拾って来るようになったのです。

　現在、なな子は二歳になりましたが、住職さんはもっともっともも子のように一生懸命にごみを拾って欲しいという気持ちと、あまり頑張らなくてもいいよという気持ちの二つで迷(まよ)っているのです。

　それは、もも子がごみを拾おうとして、割れたガラスビンで足をケガしたことや、ごみのないきれいな川に連れて行くと、気持ちよさそうに泳いでいたことが思い出されたからです。

　それでも、住職さんは、もも子と一緒に散歩した川沿いの土手の上に立つと、「汚れた川や海で、仲間の動物たちが苦しまないようにと、住職さんと心を一つにしてごみ拾いを続けられて、とても幸せだったよ」という、もも子の声が聞こえてくるような気がするのでした。

中野英明

昭和22年水沢市（現 奥州市）生まれ。
同63年4月、曹洞宗蟠龍寺26世住職。
平成元年から25年間、住職の傍ら少年刑務所や少年院で少年たちの教誨にあたった。現在は、愛犬団体（おっぽの会）の会員として、各種施設でのふれ合い活動や飼い主のマナー向上のために様々な啓蒙活動を行っている。
同18年3月、ハート出版「第9回わんマン賞」グランプリ受賞。
著書に「ごみを拾う犬もも子」「ごみを拾う犬もも子のねがい」（ハート出版）がある。

中野もも子

H5年盛岡市生まれ。中野家で先輩犬たち同様、家族のように可愛いがわれる。住職さんとの散歩でごみを拾うようになる。
新聞、テレビ等で報道されるようになり全国的に有名になる。
H18年11月永眠。

〈新装改訂版〉
ごみを拾う犬 もも子

2006年8月発行「ごみを拾う犬もも子」（ハート出版）を元に加筆・修正したものです。

2015年12月10日　第1刷発行
2020年10月2日　第2刷発行

作者	中野英明
発行者	日高裕明
発行所	株式会社 ハート出版 〒171-0014 東京都豊島区池袋3-9-23 電話 03-3590-6077
印刷	中央精版印刷株式会社

©Eimyou Nakano
Printed in Japan
ISBN978-4-8024-0010-7　C8093

ハート出版ホームページ
http://www.810.co.jp

乱丁、落丁はお取り替えいたします（古書店で購入されたものは、お取り替えできません）。
本書を無断で複製（コピー、スキャン、デジタル化等）することは、著作権法上の例外を除き、禁じられています。また本書を代行業者等の第三者に依頼して複製する行為は、たとえ個人や家庭内での利用であっても、一切認められておりません。